Mohammad Sharifi Sedeh

Avaliação da diversidade genética do sanfeno por marcadores SSR, RAPD e SRAP

Mohammad Sharifi Sedeh

Avaliação da diversidade genética do sanfeno por marcadores SSR, RAPD e SRAP

ScienciaScripts

Imprint

Cover image: www.ingimage.com

This book is a translation from the original published under ISBN 978-620-2-05140-8.

Publisher:
Sciencia Scripts
is a trademark of
Dodo Books Indian Ocean Ltd. and OmniScriptum S.R.L publishing group

120 High Road, East Finchley, London, N2 9ED, United Kingdom
Str. Armeneasca 28/1, office 1, Chisinau MD-2012, Republic of Moldova, Europe
Printed at: see last page
ISBN: 978-620-8-25162-8

Índice

Capítulo 1 2

Capítulo 2 11

Capítulo 3 13

Capítulo 4 17

Capítulo 5 19

Capítulo 6 21

Capítulo 7 23

Capítulo 8 24

Capítulo 9 31

Capítulo 10 32

Capítulo 11 33

Capítulo 12 34

Capítulo 13 35

Capítulo 14 36

Capítulo 15 40

Capítulo 16 43

Capítulo 17 47

Capítulo 18 49

REFERÊNCIAS 50

Capítulo 1

Resumo

A extensão da criação de ruminantes para satisfazer a procura crescente de produtos lácteos e de carne tem consequências negativas para o ambiente, como, por exemplo, o aumento das emissões de gás metano e das águas residuais. Além disso, é difícil obter níveis de produção mais elevados nos animais, porque é necessário fornecer níveis mais elevados de proteínas e energia na ração forrageira. Existe também um risco contínuo de doenças e parasitas no gado devido à formação de resistência aos medicamentos anti-helmínticos convencionais. Estes problemas poderiam ser resolvidos através da utilização de leguminosas forrageiras com propriedades anti-helmínticas, como o sanfeno (Onobrychis viciifolia), que tem caraterísticas promotoras de saúde causadas principalmente pela presença de polifenóis, especialmente taninos condensados. Sabe-se também que os taninos condensados reduzem o inchaço e as emissões de gás metano nos ruminantes e melhoram a absorção de proteínas através de interações proteína-tanino no rúmen. Além disso, a capacidade do sanfeno para fixar o azoto atmosférico através da associação de bactérias rizóbios permite reduzir a utilização de fertilizantes azotados. No entanto, o cultivo do sanfeno diminuiu durante o último século, presumivelmente devido aos preços baixos dos fertilizantes inorgânicos e à concorrência de culturas forrageiras de maior rendimento. Consequentemente, as tentativas de melhoramento do sanfeno foram reduzidas ao mínimo. As variedades existentes apresentam rendimentos de biomassa fracos e instáveis, persistência reduzida e baixo rendimento de sementes.

A criação de novas variedades de elevado desempenho é indispensável para tornar a cultura do sanfeno atractiva para os agricultores.

A tetraploidia e, por conseguinte, os padrões complexos de herança de caraterísticas são um aspeto importante com que os criadores têm de lidar no melhoramento do sanfeno. Além disso, existem afirmações contraditórias sobre o sistema de reprodução do sanfeno, nomeadamente se o sanfeno é fortemente fecundado por cruzamento ou se também é capaz de se autofecundar. Neste caso, os marcadores moleculares poderiam ajudar a desvendar o sistema de reprodução do sanfeno e a clarificar os padrões de herança a nível molecular. A deteção de associações entre marcadores moleculares e caraterísticas permitiria a seleção de indivíduos para as caraterísticas desejadas com base na seleção assistida por marcadores (MAS). Deste modo, a localização de loci que explicam a variação num traço quantitativo (quantitative trait loci, QTL) dentro do genoma poderia ser melhorada com o estabelecimento de um mapa de ligação genética, que ainda não existe para o sanfeno.

Devido à necessidade de apoiar o melhoramento do sanfeno, o nosso estudo teve como objetivo elucidar o sistema de melhoramento do sanfeno, bem como as suas consequências no desempenho da planta, testar marcadores moleculares recentemente desenvolvidos que poderiam ser, mais tarde, aplicados em estudos genéticos, aplicar estes marcadores à descendência F1 de uma população biparental para detetar associações de caraterísticas de marcadores e estabelecer um mapa de ligação genética com base nestes dados de marcadores. O presente estudo fez parte da Rede Europeia Marie Curie de Formação Inicial "LegumePlus" (PITN-GA-2011-289377), que visava realizar uma investigação holística do sanfeno.

O nosso primeiro objetivo foi detetar uma possível auto-fertilização no sanfeno. Geralmente, o sanfeno é descrito como sendo principalmente de fertilização cruzada, mas poucos estudos relatam altas taxas de autofertilização com base em resultados de autopolinização manual ou usando um marcador de cor de flor recessiva como sistema de deteção. Até o momento, faltam informações sobre a autofertilização em condições naturais, bem como possíveis fatores que favorecem a auto fertilização. Para responder a estas questões, foram estabelecidas três populações biparentais com polinização por abelhas (Bombus terrestris) em estufa a partir de cinco clones de dois genótipos parentais em cada população.

Utilizando esta abordagem, foi possível a auto-fertilização, bem como a fertilização cruzada, mas a polinização foi afetada pelo número de potenciais parceiros de cruzamento e pelos movimentos dos abelhões. Para além desta abordagem, a autofertilização foi avaliada em três populações naturais em campo aberto. Pela primeira vez, a autofertilização foi avaliada com base em marcadores moleculares de polimorfismo amplificado relacionado com a sequência dominante (SRAP) e de repetição de sequência simples codominante (SSR). Nas populações de estufa, foram detectadas elevadas taxas de autofertilização de 48,5, 61,5 e 64,8%. Em contraste, foram detectados 0,0, 1,8 e 3,9% de auto-fertilização nas três populações naturais. As populações em estufa foram fenotipadas durante um período de três anos para quantificar uma possível depressão endogâmica. Foi possível demonstrar que a produção de sementes por planta foi altamente afetada (até 79% de redução) pela depressão endogâmica, enquanto que a altura da planta e o vigor foram menos afectados com uma redução de 23,8 e 17,2%, respetivamente.

Outra ênfase do estudo foi testar marcadores SSR co-dominantes específicos para o sanfeno. Estes marcadores são essenciais para a realização de estudos genéticos em sanfeno ou, além disso, podem ser utilizados para a seleção assistida por marcadores. Por esta razão, foram testados marcadores SSR recentemente desenvolvidos num conjunto de 32 indivíduos de sanfeno.

Deste modo, 101 marcadores amplificados revelaram polimorfismos alélicos entre os indivíduos. O número de alelos por marcador situou-se entre dois e 24 alelos, sendo que apenas cinco dos alelos totais estavam presentes em todos os indivíduos. O resumo dos dados dos marcadores utilizando estatísticas multivariadas revelou dois grupos principais, o primeiro contendo indivíduos da Europa Ocidental, enquanto o segundo continha indivíduos da Europa do Sul e de Leste e dos EUA. A descoberta de diferenças genéticas através de marcadores SSR indica que esses marcadores são úteis para estudos genéticos posteriores sobre o sanfeno.

Um conjunto de SSR testados, juntamente com marcadores SRAP, foi utilizado para procurar associações entre marcadores e caraterísticas em 122 descendentes F1 de uma população desenvolvida em estufa. A descoberta de tais marcadores permitiria selecionar indivíduos promissores já nas fases iniciais dos processos de reprodução.

Por esta razão, todos os alelos dos marcadores foram classificados como presentes (1) / ausentes (0) nos indivíduos e testados para associações de caraterísticas através de uma análise de regressão simples. Foi possível encontrar marcadores associados a caraterísticas para altura da planta, produção de sementes e vigor, sendo que uma análise de correlação entre marcadores associados indica que estes estão ligados a pelo menos dois QTL diferentes. Além disso, foi encontrado um marcador associado para a prodelfinidina - partilha de taninos condensados.

Por último, foi utilizado um conjunto de marcadores SSR e SRAP para criar um mapa de ligação genética do sanfeno com base em 122 descendentes F1 das populações acima mencionadas. Foram utilizados os pacotes de software JoinMap (para espécies diplóides e alopoliplóides) e TetraploidMap (para espécies autotetraplóides), tendo em conta a origem desconhecida da poliploidia do sanfeno. Foi possível demonstrar que nenhum dos programas produziu um mapa de ligação satisfatório, uma vez que a maioria dos marcadores se agrupou num único grupo de ligação. Parcialmente, ambos os programas permitiram encontrar certas ligações entre marcadores, mas, com base na população utilizada, não foi possível desenvolver um mapa definitivo e não foi possível dar preferência a um dos dois programas. Consequentemente, um sistema de auto-incompatibilidade pode ser excluído. Estes resultados são diretamente utilizáveis para otimizar os métodos de reprodução. Além disso, a utilidade dos marcadores recentemente desenvolvidos para estudos genéticos posteriores foi comprovada para o sanfeno. As associações de marcadores detectadas para caraterísticas agronómicas e de composição podem ser aplicadas para seleccionar indivíduos superiores em programas de melhoramento de plantas para criar novas variedades de sanfeno. A produção pecuária está a aumentar em todo o mundo, aumentando a procura de forragem animal de elevada qualidade nutricional (Thornton 2010). Para permitir um elevado nível de produtividade animal, as rações adequadas às espécies devem combinar teores adequados de fibra com elevadas concentrações de energia e proteína. Os prados, que cobrem 33% da área agrícola na Europa, constituem uma fonte valiosa de forragem para ruminantes produzida localmente que ainda não está completamente explorada (Peeters 2009). A produção de forragens grosseiras de alta qualidade a partir de pastagens é rentável e pode ajudar a diminuir a entrada de alimentos concentrados (Ivemeyer et al. 2014).

Além disso, as rações grosseiras compostas por diversas espécies de pastagens influenciam positivamente as concentrações de ácidos gordos valiosos e antioxidantes, contribuindo para melhorar a qualidade da carne e dos produtos lácteos (Stypinski 2011; Girard et al. 2016).

Ao escolher espécies vegetais com capacidades de adaptação específicas, os prados permitem alargar a produção de forragem a zonas menos favoráveis ou atenuar desafios como o aumento das temperaturas ou os períodos de seca. Assim, as espécies de leguminosas são uma opção valiosa para complementar as misturas de pastagens: com a sua capacidade de fixar o azoto atmosférico através da associação com rizóbios, podem ser obtidos rendimentos mais elevados com uma menor utilização de fertilizantes azotados (Luscher et al. 2014). Para além das leguminosas típicas e amplamente utilizadas nas pastagens, como o trevo vermelho (Trifolium pratense) e a alfafa (Medicago sativa), existem muitas outras espécies, parcialmente negligenciadas, que podem oferecer algumas vantagens em relação a essas espécies tradicionais. O sanfeno (Onobrychis viciifolia) é um excelente candidato, pois combina a possibilidade de produzir proteínas de qualidade igual à da luzerna com compostos secundários que apoiam a saúde animal de diferentes formas (Kaldy et al. 1979; Aufrere et al. 2008). Esses efeitos benéficos para a nutrição e a criação de animais foram demonstrados em diferentes ensaios de alimentação, desde a redução do inchaço, passando pelo aumento do peso vivo e pela redução da carga de vermes, até à diminuição das emissões de metano. Em contrapartida, de um ponto de vista agronómico, o sanfeno apresenta várias desvantagens que o tornam menos atrativo para uma distribuição mais ampla.

Apesar dos seus potenciais benefícios, o sanfeno é ainda uma cultura subutilizada e as actividades de melhoramento encontram-se a um nível muito baixo quando comparadas com outras espécies forrageiras. No entanto, o desenvolvimento de variedades novas e superiores é essencial para uma distribuição mais alargada do sanfeno. Para fazer avançar os programas de melhoramento, é necessário dispor de conhecimentos mais pormenorizados sobre a base genética do sanfeno, incluindo o tipo predominante de fertilização (autofecundação vs. fertilização cruzada). Além disso, é necessário desenvolver marcadores genéticos para descrever a composição genética (genótipo) de diferentes plantas de sanfeno e encontrar possíveis associações marcador-caraterística, que possam ser utilizadas para melhorar o progresso da seleção nos programas de melhoramento. Assim, os objectivos da presente tese foram: (i) analisar o modo de reprodução do sanfeno no que diz respeito à fertilização cruzada e à autofecundação, investigar a utilidade de marcadores moleculares codominantes recentemente desenvolvidos para avaliar a diversidade genética, testar se estes marcadores co-dominantes e outros marcadores dominantes estão associados a diferentes caraterísticas agronómicas e de composição e utilizar estes marcadores para estabelecer um primeiro mapa de ligação para o sanfeno.

soja (Glycine max) para sanfeno. Os fragmentos foram menores para o conjunto de marcadores específicos neste estudo (92 a 511 pb) em comparação com marcadores adoptados de outras espécies (79 a 865 pb, Demdoum et al. 2012). Os tamanhos maiores dos alelos da amplificação entre espécies podem ser atribuídos a diferenças interespecíficas em relação à espécie dadora devido à variação do comprimento das repetições na região SSR e aos indels na região flanqueadora (Peakall et al. 1998). Avci (2014) amplificou 725 alelos a partir de 18 marcadores SSR em diversas subespécies de Onobrychis usando marcadores de ervilha e trevo de barril. O número mais elevado encontrado por estes autores pode ser explicado pela maior diversidade do germoplasma utilizado, que teve origem em diferentes subespécies.

Os estudos de marcadores SSR com outras espécies tetraplóides, utilizando diversos painéis de indivíduos, revelaram um número inferior de alelos por marcador em comparação com o presente estudo, por exemplo, 7,2 alelos na cana-de-açúcar (Saccharum officinarum, Pinto et al. 2006), 6,7 alelos na erva-moura (Panicum virgatum, Narasimhamoorthy et al. 2008) e 6 alelos no amendoim (Arachis hypogaea, Hopkins et al. 1999).

Foram observados alguns marcadores com menos de cinco alelos entre os 32 indivíduos. Estes podem ainda ser úteis em estudos futuros, uma vez que este estudo representa um rastreio inicial de indivíduos isolados e não um estudo alargado da população. Para além disso, a utilização apenas dos marcadores mais polimórficos poderia distorcer a diversidade genética global, por exemplo, em estudos de conservação (Vali et al. 2008).

O desafio na análise de alelos SSR em tetraplóides reside na determinação da dosagem de cada alelo, o que é frequentemente impossível utilizando a eletroforese capilar para indivíduos portadores de menos de quatro alelos diferentes num locus marcador específico.

O teor de PIC dá uma estimativa do teor de informação de um marcador e é tradicionalmente calculado pela fórmula de Botstein et al. (1980). Esta fórmula foi desenvolvida para espécies diplóides, para as quais a frequência alélica é conhecida ou pode ser inferida a partir da ocorrência do alelo (presença/ausência). Para as espécies tetraplóides, é difícil deduzir a frequência alélica a partir da ocorrência de alelos devido às diferentes doses de alelos (um a quatro alelos). Por conseguinte, a fórmula para as espécies diplóides não pode ser utilizada para o sanfeno tetraploide. Assim, o PIC foi calculado separadamente para cada alelo, com base nas contagens de ocorrência de alelos, utilizando uma fórmula adoptada de Roldan-Ruiz (2000) e calculando a média do PIC em todos os loci de um locus (Tehrani et al. 2008). Aqui, o valor máximo que pode ser alcançado é 0,5, o que corresponde a alelos encontrados em 50% da população. Os valores pequenos, por outro lado, correspondem a alelos muito abundantes ou muito raros. Decidir se um marcador SSR é útil depende também da questão científica. Por conseguinte, ter em conta os diferentes valores PIC baseados nos alelos de um locus SSR (Fig. S3.2) dá a imagem mais holística do marcador SSR. Valores elevados de PIC dos alelos (0,5 - 0,4) são úteis para estudos populacionais internos, por exemplo, para traçar associações de caraterísticas do marcador, enquanto valores baixos de PIC (0,0 - 0,1) de alelos únicos podem ser mais úteis para estudos de evolução ou deriva genética (Silvertown e Doust 1993). Os valores médios de PIC neste estudo indicaram que a maioria dos marcadores tinha alelos que podiam ser encontrados num grupo de indivíduos e são adequados para várias abordagens em estudos futuros. Estes valores de PIC foram comparáveis aos encontrados por Tehrani et al. (2008), que se situaram entre 0,16 e 0,44 em Lolium persicum. O grande número de alelos privados é uma indicação clara da distinção genética dos indivíduos, o que era previsível tendo em conta as suas origens diversas.

A diversidade genética é um pré-requisito para a seleção no desenvolvimento de variedades. Até à data, existe pouca informação disponível sobre a diversidade genética do sanfeno. A utilização de AFLPs e marcadores SSR de outras espécies não foi capaz de revelar a diversidade genética em diferentes acessos de sanfeno espanhol (Sardaro et al. 2003; Demdoum et al. 2012). Os valores desse estudo, dados pelos valores de similaridade de Nei, que representam a proporção de fragmentos partilhados com base em dados binários e corrigidos pelo número do marcador (Lamboy 1994), atingiram valores de 0,73 a 0,8 (Sardaro et al. 2003; Demdoum et al. 2012). Uma conversão desses valores em valores de distância genética pela fórmula -ln (valores de similaridade de Nei, Frankham et al. 2010) resultou em valores de distância genética de Nei de 0,31 e 0,22. Num estudo da diversidade genética do sanfeno utilizando marcadores RAPD em dez variedades autóctones do Azerbaijão Oriental e em 36 populações iranianas de sanfeno, foram observados valores de distância genética de Nei de 0,32 e 0,25, respetivamente (Rasouli et al. 2013; Hejrankesh et al. 2014). No nosso estudo, a distância de Roger modificada mais elevada de 0,48 corresponde a alelos não partilhados entre os nossos dois grupos de agrupamento, o que é quase 50%

Os valores mais baixos da distância de Roger, com 0,35, correspondem a um valor aproximado da distância de Nei de 0,43, que é superior aos valores baixos observados noutros estudos (Sardaro et al. 2003; Demdoum et al. 2012; Hejrankesh et al. 2014). A maioria das comparações entre genótipos apresentou valores mais elevados.

Os valores mais elevados de diversidade genética encontrados no presente estudo podem refletir a elevada variabilidade dos marcadores desenvolvidos e a seleção de 32 indivíduos de origem contrastante. Apesar do facto de os indivíduos das mesmas cultivares nesta espécie predominantemente endogâmica poderem apresentar uma variabilidade considerável (Posselt 2010), os indivíduos da mesma cultivar agruparam-se claramente no presente estudo

Os 32 indivíduos investigados separaram-se em dois grupos claros com base em diferentes análises multivariadas. O primeiro grupo principal incluía principalmente indivíduos da Suíça e do Reino Unido, enquanto o segundo grupo continha indivíduos originários do Sul e do Leste da Europa, bem como dos EUA, Canadá e Marrocos. Um agrupamento semelhante de acessos pode ser encontrado em estudos anteriores entre os acessos de sanfeno da Europa Ocidental e os da Europa Oriental e da Ásia (Demdoum et al. 2012; Hayot Carbonero et al. 2012). Esta distinção genética clara entre os indivíduos da Europa Ocidental e os da Europa Oriental e mais além pode refletir a adaptação a condições climáticas diversas, quer naturalmente quer como resultado da seleção local pelos produtores (Silvertown e Doust 1993). Sob isolamento genético e troca limitada de genes, a diferenciação no germoplasma de sanfeno com separação morfológica acompanhada parece provável (Zarrabian et al. 2013).

Capítulo 2

Conclusões

Este estudo relata a primeira caraterização de marcadores SSR co-dominantes específicos para o sanfeno. Os 101 marcadores SSR caracterizados neste estudo apresentaram um elevado grau de polimorfismo e demonstraram claramente as diferenças entre indivíduos de sanfeno de origem diversa, a nível genético molecular. As diferenças genéticas encontradas no nosso painel separaram os indivíduos em dois grupos, com uma clara correlação com a origem geográfica desses indivíduos. Os marcadores SSR, como os aqui caracterizados, serão muito úteis em futuras análises genéticas, como análises de paternidade ou pedigree em programas de melhoramento, bem como em análises mais detalhadas da diversidade genética desta forrageira. Além disso, o desenvolvimento de novas variedades poderia ser crucialmente melhorado através da escolha de grupos genéticos distintos e da minimização da depressão endogâmica.

O sanfeno (Onobrychis viciifolia) é uma leguminosa forrageira perene com grande potencial de utilização na agricultura sustentável devido às suas baixas necessidades de factores de produção, boa tolerância à seca e produção de forragem rica em compostos polifenólicos, que são benéficos para a saúde animal. No entanto, a sua distribuição e cultivo são limitados devido ao seu desempenho agronómico moderado e à falta generalizada de cultivares bem adaptadas e de elevado rendimento. É imperativo um progresso mais rápido no melhoramento genético, mas este é muitas vezes dificultado pela herança complexa de caraterísticas e pelo conhecimento limitado da composição genética desta espécie tetraploide e de reprodução cruzada. As ferramentas de genética molecular podem ajudar na seleção fenotípica; no entanto, até à data, não existe qualquer informação sobre associações entre marcas e caraterísticas no caso do sanfeno. Por conseguinte, o objetivo do presente estudo foi detetar associações entre marcadores e caraterísticas numa população F1 biparental. Foram analisadas plantas individuais para marcadores genéticos recentemente desenvolvidos e fenotipadas para caraterísticas agronómicas importantes e concentrações de diferentes compostos polifenólicos. Foram detectados marcadores associados a caraterísticas significativas (TAM) para altura da planta (11), vigor da planta (1) e produção de sementes (7). Estas três caraterísticas foram positivamente correlacionadas entre si e partilharam alguns TAMs. As correlações entre marcadores sugerem que dois loci independentes controlam estas três caraterísticas relacionadas com o vigor. Foi detectado um TAM adicional e independente para a percentagem de prodelfinidinas no total de taninos condensados. Os nossos resultados fornecem informações sobre o controlo genético de caraterísticas importantes do sanfeno, e os TAMs aqui relatados podem ajudar na seleção em combinação com a avaliação fenotípica.

Capítulo 3

Introdução

A leguminosa perene e tetraploide sanfeno (Onobrychis viciifolia) tem uma longa tradição como fonte de forragem valiosa para cavalos de trabalho e outros animais de criação na Europa. Com o cultivo de espécies mais produtivas, a aplicação de fertilizantes inorgânicos e a utilização de sistemas de colheita automatizados, o seu cultivo diminuiu durante o século XX. Consequentemente, o sanfeno quase desapareceu das paisagens agrícolas actuais. No entanto, o recente aumento do interesse por uma produção agrícola mais sustentável faz desta cultura uma alternativa valiosa por várias razões. Em primeiro lugar, o sanfeno apresenta uma elevada tolerância à seca e a uma baixa disponibilidade de nutrientes (Doyle et al., 1984), o que o torna uma opção valiosa para locais menos favoráveis, que se espera venham a aumentar devido à maior variabilidade climática que acompanha as alterações climáticas. Em segundo lugar, é capaz de fixar o azoto atmosférico através da associação com rizóbios, reduzindo a necessidade de fertilização com azoto e melhorando a qualidade do solo (Hill, 1980). Em terceiro lugar, como sua caraterística mais proeminente, o sanfeno contém uma alta concentração de metabólitos secundários benéficos, como taninos condensados (CT, proantocianidinas) e outros compostos polifenólicos, que têm propriedades anti-helmínticas contra parasitas intestinais, aumentam a utilização de proteínas, evitam o inchaço e reduzem as emissões de metano (McMahon et al., 2000; Hoste et al., 2012). Por conseguinte, o sanfeno tem potencial para ser um valioso alimento para ruminantes.

No entanto, apesar das suas vantagens, o cultivo alargado de sanfeno é dificultado pelo seu desempenho agronómico frequentemente fraco e pela disponibilidade limitada de variedades adaptadas a climas temperados (Goplen et al., 1991). As principais fraquezas agronómicas incluem também uma fraca capacidade competitiva contra as ervas daninhas ou espécies companheiras, um estabelecimento lento, um baixo número de sementes e uma fraca persistência. A persistência é uma caraterística complexa que depende de vários factores, dos quais o vigor da planta (crescimento forte e saudável) é um dos principais determinantes. Para além do vigor da planta, a altura da planta, a área foliar, a resistência a doenças e a produção de sementes são também indicadores de força e capacidade de sobrevivência e, consequentemente, de persistência. A criação de variedades melhoradas no que diz respeito a estas caraterísticas agronómicas é indispensável para aumentar a aceitação do sanfeno pelos agricultores e promover o seu cultivo. Além disso, é também desejável uma seleção orientada para a composição e concentrações desejadas de CT e outros compostos polifenólicos no sanfeno, uma vez que as propriedades nutracêuticas são consistentes com as exigências do futuro melhoramento de plantas para ajudar o bem-estar e a saúde dos animais (Humphreys, 2005). Os criadores de sanfeno têm de lidar com um sistema de reprodução alógamo (fora da reprodução), como é comum na maioria das espécies forrageiras, e é frequentemente assegurado através de mecanismos de auto-incompatibilidade (Humphreys, 2000; Posselt, 2010). Assim, na ausência de métodos eficientes para induzir a auto-fertilização ou efetuar cruzamentos controlados entre indivíduos consanguíneos, as variedades são classicamente criadas como variedades de polinização aberta ou sintéticas. A partir da seleção de plantas superiores dentro de uma população de base, este processo de desenvolvimento de uma nova variedade demora pelo menos dez anos (Posselt, 2010). As variedades resultantes apresentam níveis elevados de diversidade genética, evocando uma adaptabilidade ambiental geralmente alargada. Para o melhoramento do sanfeno, esta grande diversidade representa uma oportunidade para selecionar genótipos superiores melhorados para caraterísticas importantes como a persistência, o rendimento das sementes e as concentrações de CT e outros compostos polifenólicos (flavonóis e seus glicosídeos). Até à data, são escassas as informações sobre a resposta do sanfeno à seleção fenotípica e aos padrões de herança das caraterísticas. Além disso, a medição de caraterísticas complexas, como a concentração e composição de CT, é complexa e trabalhosa (Engstrom et al., 2014). Além disso, a determinação da produção de sementes e do vigor das plantas é trabalhosa e normalmente requer experiências de campo ao longo de vários anos.

A seleção indireta pode acelerar o melhoramento e pode ser realizada utilizando caraterísticas facilmente determinadas e correlacionadas com a caraterística-alvo, ou através de marcadores genéticos ligados à caraterística de interesse (seleção assistida por marcadores [MAS]). O pré-requisito básico para a seleção assistida por marcadores é a disponibilidade de marcadores fortemente ligados a genes ou a loci de caraterísticas quantitativas (QTL). Esses marcadores podem ser utilizados para selecionar caraterísticas difíceis de medir ou dependentes do estádio de desenvolvimento, para manter alelos recessivos, para piramidar caraterísticas monogénicas e para acelerar o progresso do melhoramento em geral. No caso de espécies poliplóides e de caraterísticas sujeitas a herança poligénica, ambos os factores impedem a seleção eficiente de genótipos com base no seu fenótipo, pelo que a aplicação da MAS seria especialmente valiosa (Barrett et al., 2009). A deteção de potenciais QTLs no sanfeno seria, por conseguinte, particularmente promissora para melhorar o progresso do melhoramento.

Noutras espécies de plantas forrageiras, foram identificados vários QTLs adequados para MAS, como os relativos ao vigor e à produção de sementes no trevo branco (Trifolium repens; Faville et al., 2003), à produção de sementes no trevo vermelho (T. pratense; Herrmann et al., 2006), ou à altura e recrescimento na luzerna (Medicago sativa; Robins et al., 2007).

No sanfeno, ainda não está disponível um número adequado de marcadores e, consequentemente, não foram efectuados estudos para detetar associações marcador-caraterística ou QTLs. Os sistemas de marcadores que não dependem de informações prévias sobre a sequência de ADN oferecem uma abordagem valiosa para a caraterização inicial de espécies menores que geralmente não dispõem de informações sobre a sequência. O polimorfismo amplificado relacionado com a sequência (SRAP), que amplifica preferencialmente em regiões ricas em genes (Li e Quiros, 2001), tem sido utilizado com sucesso para a investigação molecular da alogamia e autogamia em sanfeno (Kempf et al., 2015). Recentemente, a sequenciação do transcriptoma do ARN, utilizando a sequenciação de nova geração, foi utilizada com êxito para desenvolver recursos abrangentes de marcadores de repetições de sequências simples (SSR) que podem ser aplicados para avaliar a diversidade genética no sanfeno (Kempf et al., 2016;

Mora-Ortiz et al., 2016). A fim de utilizar estes recursos de marcadores recentemente desenvolvidos para identificar possíveis associações entre marcadores e caraterísticas no sanfeno, os objectivos do presente estudo foram: (i) fenotipar uma população F1 biparental de sanfeno para uma vasta gama de caraterísticas em condições de campo; (ii) investigar correlações entre caraterísticas agronómicas e de composição; e (iii) identificar marcadores SRAP dominantes e SSR co-dominantes associados a caraterísticas fenotípicas. Por conseguinte, o presente estudo constitui um primeiro passo no sentido da MAS em sanfeno.

Capítulo 4

Fenotipagem

As plantas foram cultivadas no campo de 2012 a 2014, a composição química foi determinada em 2012 e a fenotipagem de caraterísticas agronómicas foi realizada em 2013. Devido a uma grande perda de plantas durante o inverno que se seguiu à época de 2013, não foi possível efetuar a fenotipagem em 2014. A altura das plantas foi determinada como a distância do solo até aos últimos folíolos das plantas esticadas na primavera (HSp) e no verão (HSu). O vigor das plantas (Vigor) foi avaliado visualmente numa escala de 1 (muito fraco) a 9 (muito forte). A suscetibilidade à ferrugem (causada por Uromyces onobrychidis) também foi avaliada visualmente numa escala de 1 (não suscetível, sem ocorrência de doença) a 9 (altamente suscetível, elevada ocorrência de doença). A época de floração (FT) foi registada como o número de dias após 1 de maio em que uma planta apresentava três ou mais flores abertas. O rendimento de sementes foi medido como o número total de sementes por planta em 2013 (SN), conforme descrito por Kempf et al. (2015).

Na primavera de 2013, o teor de clorofila das folhas foi medido de forma não destrutiva com um medidor de clorofila SPAD (Konica Minolta SPAD 502Plus, Tóquio, Japão). Este aparelho mede a transmitância da folha nas regiões do vermelho e do infravermelho, indicando um índice sem unidades, que se correlaciona com a quantidade relativa de clorofila no tecido foliar (Castelli et al., 1996). Os valores SPAD (SPAD) foram registados na folha mais alta e completamente desenvolvida de cada planta, calculando a média de três medições efectuadas em três folíolos diferentes fora da lamela média. Depois de efetuar as medições SPAD, as respectivas folhas foram cortadas e a sua área (LA, cm2) e comprimento (LL, cm) foram determinados fotograficamente:

As folhas foram colocadas de forma plana sobre um papel branco e fotografadas com uma câmara digital reflex de lente única (DSLR) full-frame (21 megapixels) (EOS 5D MklI, Canon Inc., Tóquio, Japão), que foi convertida numa câmara de stress vegetativo de três bandas (LDP LLD, Carlstadt, NJ, EUA, www.maxmax.com), comunicando os valores do índice de vegetação de diferença normalizada (NDVI). Com base nos valores NDVI, a imagem foi separada em pixéis de plantas (NDVI elevado) e de fundo (NDVI baixo), utilizando um script personalizado no ambiente R (R Development Core Team, 2014).

Para a análise química, o material vegetal (10 folhas completamente desenvolvidas por planta) foi amostrado em 2012 e imediatamente liofilizado. As concentrações de prodelfinidinas e procianidinas, os flavonóis quercetina, kaempferol e miricetina (incluindo os seus glicosídeos), bem como os ácidos polifenólicos ácido quínico e ácido gálico, foram analisados através de cromatografia líquida de alta eficiência com espetrometria de massa em tandem (UPLC-MS/MS). A análise foi realizada num sistema Acquity UPLC (Waters Corp., Milford, MA, EUA) acoplado a um espetrómetro de massa de quadrupolo triplo Xevo TQ (Waters Corp., Milford, MA, EUA) de acordo com os métodos descritos por Engstrom et al. (2014).

A concentração de CTs totais foi calculada como a soma das concentrações dos seus subconstituintes, prodelfinidinas e procianidinas. A percentagem de prodelfinidinas no total de CT (percentagem PD) foi calculada dividindo a concentração de prodelfinidinas pela concentração do total de CT.

Capítulo 5

Genotipagem

Uma subamostra do material vegetal utilizado para a análise química foi retirada para a análise do ADN. As folhas secas foram moídas com um moinho de bolas (Cell tissue Analyzer 2, Qiagen, Hilden, Alemanha). O ADN foi extraído com o kit de extração de ADN PHYTOPURE illustraTM (GE Healthcare, Little Chalfont Buckinghamshire, Reino Unido), de acordo com as instruções do fabricante. A concentração de ADN foi medida por eletroforese em gel com um padrão de massa (High DNA Mass Ladder, InvitrogenTM, Life Technologies, Carlsbad, EUA). Para a genotipagem, foram utilizados marcadores SRAP e marcadores SSR. Para o sistema de marcadores SRAP, quatro primers forward [me1 a me4] e reverse [em1 a em4] marcados com fluorescência foram aplicados em 16 combinações em todas as plantas, enquanto primers específicos para sainfoin (Mora-Ortiz et al., 2016) foram usados para análise SSR (Tabela S4.1). A PCR e a análise de fragmentos foram realizadas conforme descrito em Kempf et al. (2015) usando um iCycler (Biorad, Hercules, EUA) e um analisador genético ABI 3500 (Applied Biosystems, Forster City, EUA). As contagens de alelos para os marcadores SRAP foram aquelas usadas anteriormente para analisar a autofertilização (Kempf et al., 2015), e a abordagem de contagem de alelos presentes em um dos pais e ausentes no outro foi seguida. Os dados dos marcadores SSR foram analisados de novo.

Foram detectados TAM para três caraterísticas agronómicas e uma caraterística de composição Em todos os indivíduos, foram detectados 173 e 189 alelos para os 16 marcadores SRAP e 48 marcadores SSR, respetivamente. Nos cruzamentos, foram detectados TAMs para SN (7 TAM), HSu (11 TAM), Vigor (1 TAM,) e PD-share (1 TAM, Tabela 4.1, 4.4), enquanto que não foram detectados TAMs nos cruzamentos do progenitor 2 (dados não apresentados). As análises dos valores logarítmicos e não transformados de SN revelaram valores significativos para os mesmos marcadores (dados não mostrados), portanto, os valores SN não transformados são relatados para simplificar. Entre os TAMs observados, os marcadores SSR foram mais frequentemente encontrados ligados a caraterísticas fenotípicas (13 TAM) quando comparados aos marcadores SRAP (7 TAM). Os TAMs associados ao SN explicaram entre 1,1 e 28,1% da variação, onde a presença do alelo teve um efeito positivo em todos os alelos do marcador SSR (+991 a 1448 sementes por planta) e um efeito negativo no alelo do marcador SRAP (- 261 sementes por planta; Tabela 4.4). Para HSu, os valores da variância explicada para os 11 TAMs variaram de 4,4 a 28,6%, com a presença do alelo sempre tendo um efeito positivo e resultando em plantas que eram 7,9 a 25,6 cm mais altas.

Para as caraterísticas de composição, apenas um TAM pôde ser encontrado para PD-share, com o alelo marcador SRAP explicando 12,3% da variância fenotípica observada e resultando em uma participação ligeiramente maior de prodelfinidinas. Nos cruzamentos, a presença de alelos marcadores TAM teve, na sua maioria, um efeito positivo no desempenho das plantas, tendo apenas um alelo marcador SRAP um efeito negativo na produção de sementes. Devido ao facto de as plantas de um grupo de cruzamentos possuírem ou não o respetivo alelo marcador, os efeitos dos alelos TAM detectados nos cruzamentos não puderam ser confirmados nos cruzamentos do mesmo progenitor.

Capítulo 6

Discussão

O presente estudo relata, pela primeira vez, associações entre marcadores genéticos e caraterísticas fenotípicas em sanfeno, o que representa um passo preliminar, mas essencial, para a MAS desta espécie. A informação obtida sobre os TAM e sobre as correlações entre as caraterísticas fenotípicas pode ajudar a aumentar a eficiência do melhoramento do sanfeno. Por exemplo, os alelos marcadores favoráveis de TAM podem ser localizados em potenciais plantas parentais de novas variedades para aumentar o seu desempenho. Além disso, o esforço de trabalho necessário na seleção de caraterísticas complexas, como a produção de sementes, pode ser reduzido pela seleção de caraterísticas correlacionadas, como o vigor ou a altura das plantas, que podem ser mais facilmente determinadas. A presença de variação suficiente nos caracteres hereditários é indispensável para a seleção de indivíduos superiores. Nos cruzamentos, para a época de floração, a diferença entre a planta com floração mais precoce e a mais tardia foi superior a 6 semanas. Esta variação é maior do que noutras leguminosas forrageiras, como o trevo vermelho, em que a diferença entre os materiais mais precoces e os mais tardios de um programa de melhoramento varia entre 2 e 3 semanas (Boller, resultados não publicados). Por conseguinte, esta variação indica o potencial para criar variedades de floração precoce e tardia, adaptadas a diferentes regiões climáticas. As diferenças em Vigor, Hsu (83 cm), LA (28,2 cm2) e LL (13 cm) também foram substanciais, indicando o potencial para criar plantas geralmente mais fortes com maior hipótese de sobrevivência.

Para as concentrações de compostos polifenólicos, incluindo o CT total, foi encontrada uma grande variação entre os cruzamentos. Essa variação dentro da população para a concentração de CT (faixa = 37,5 mg/g) foi maior em comparação com a observada em estudos anteriores que analisaram a variação entre diferentes variedades de sanfeno, onde foram observadas faixas de 24,5, 21,8 e 18,5 mg/g (Azuhnwi et al., 2011, 2012; Malisch et al., 2015). O benefício da maioria dos compostos polifenólicos analisados no presente estudo é a sua capacidade antioxidante e eficácia anti-helmíntica (Thill et al., 2012). Alguns compostos individuais destes grupos são considerados mais abundantes e eficazes nas suas propriedades anti-helmínticas do que outros. Por exemplo, a seleção de uma composição mais elevada de flavonóis, ou seja, quercetina e o seu glicosídeo rutina, pode melhorar a capacidade anti-helmíntica da forragem (Barrau et al., 2005). A gama de concentrações de quercetina encontrada no nosso estudo foi entre 5,8 e 32,1 mg/g, mostrando uma correlação muito forte (r = 0,99) com a concentração de rutina (dados não apresentados), que é comparável à gama encontrada por Malisch (resultados não publicados) num painel de 27 acessos diversos (1,9 a 21,3 mg/g). Isto indica o potencial para aumentar a concentração deste composto ativo através da seleção nos grupos de reprodução existentes ou através da introgressão de material mais exótico.

Capítulo 7

Deteção e validação de TAM

A análise de coordenadas principais revelou a existência de estrutura populacional, o que não seria esperado em populações tradicionais de mapeamento bi-parental, como foi o caso das nossas progénies F1. Isto pode ser devido ao facto de as amostras terem sido codificadas para a presença e ausência de alelos de marcadores SRAP e SSR, resultando em duas classes de fenótipos de marcadores. Assim, o genótipo real das plantas poderia ser influenciado pela negligência da dose de alelos (simplex, 1000; duplex, 1100; triplex, 1110; e quadruplex, 1111). Outra explicação possível poderia ser o emparelhamento cromossómico preferencial, um fenómeno observado no trigo alohexaplóide e noutras espécies, que é causado pela presença de emparelhamento entre loci de controlo (Sears, 1976). No presente estudo, a utilização da matriz de parentesco como matriz de variância-covariância foi uma ferramenta poderosa para corrigir esses efeitos de estrutura populacional ao efetuar a regressão dos marcadores.

Capítulo 8

TAMs detectados e potenciais benefícios

As três caraterísticas agronómicas para as quais foram encontrados TAMs significativos (SN, HSu, Vigor) estão todas relacionadas com o vigor geral da planta, estão moderadamente a fortemente correlacionadas entre si e partilham o mesmo TAM, indicando um modo de ação pleiotrópico para os potenciais loci de genes subjacentes. O aumento da produção de sementes é crucial para o sanfeno, e sua seleção via TAM seria altamente eficaz. Isto porque, até à data, a produção de sementes só pode ser avaliada após o ano de estabelecimento no campo, e é altamente trabalhosa. Além disso, o rendimento de sementes é fortemente influenciado pelo ambiente (Nowosad et al., 2016), reduzindo a herdabilidade da caraterística e, portanto, a resposta à seleção. Uma estratégia eficiente para aumentar o rendimento de sementes pode ser combinar MAS usando TAMs identificados com seleção indireta por meio de caraterísticas positivamente correlacionadas que são simples de determinar. No nosso estudo, a altura das plantas (r = 0,47, 0,61) e o vigor (r = 0,75) apresentaram correlações moderadas a fortes com a produção de sementes, ou seja, as plantas mais vigorosas têm um maior potencial de produção de sementes e podem ser utilizadas para a seleção indireta de plantas com maior produção de sementes. Em menor grau, a seleção indireta para uma maior produção de sementes é também possível através da seleção de genótipos com floração mais precoce (r = -0,34). Os nossos resultados mostram que não seria possível selecionar indiretamente a composição química através de caraterísticas agronómicas simples, devido às fracas correlações entre estes dois grupos de caraterísticas. O único TAM encontrado no nosso estudo, que estava associado a uma maior proporção de PD, poderia, portanto, ser útil para selecionar eficazmente plantas com uma maior concentração de PD. Isto pode ser desejável, porque se pensa que os PDs são o composto mais benéfico do total de CTs com a atividade antiparasitária mais forte (Mechineni et al., 2014). Devido à correlação positiva entre os dois traços (r = 0,60), a MAS para PD-share também aumentaria a concentração total de CT. 4.5.4 Precisão do TAM para inferir a presença de QTLs em populações de sanfeno Os TAMs detectados por regressão simples de marcadores são bons indicadores da coocorrência de um marcador com QTL (Collard et al., 2005). No entanto, a localização exacta do marcador no genoma e a atribuição de vários TAMs ao mesmo QTL ou a um QTL diferente permanecem desconhecidas sem verificação num mapa de ligação; até à data, este não está disponível para o sanfeno. No entanto, os padrões de correlações entre marcadores ou alelos de marcadores podem fornecer uma indicação da atribuição de TAMs a potenciais QTL. Por exemplo, no azevém perene (Lolium p), verificou-se que marcadores altamente correlacionados (r = 0,95) ligados à produção de sementes estavam associados ao mesmo QTL (Studer et al., 2008). No nosso estudo, os dois grupos de TAMs correlacionados sugeriram a existência de duas regiões potenciais de QTL diferentes para caraterísticas relacionadas com o vigor, com cinco e oito TAMs associados, respetivamente **Um** TAM (me4em3_356) associado à SN não pôde ser atribuído a nenhum dos dois grupos e pode, portanto, descrever uma terceira região potencial de QTL que afecta a produção de sementes (Figura 4.6). Este também foi o caso do TAM associado ao PD-share (me4em4_525), que provavelmente pertence a um QTL diferente e independente. O número e o tamanho do efeito de TAMs ou QTLs potenciais, respetivamente, detectados no nosso estudo foram comparáveis aos resultados relatados para outras espécies forrageiras. Para a produção de sementes, foram detectados três QTLs no trevo vermelho e dois no azevém perene, explicando um máximo de 15,3 e 32,8% de variação fenotípica, respetivamente (Herrmann et al., 2006; Studer et al., 2008). Isto é comparável a 28,1% da variância explicada, como observado no nosso estudo. Para a altura da planta, seis QTLs foram relatados para azevém perene, e cinco QTLs foram relatados para switchgrass virgatum Panicum), explicando 27,9 e 17,4% da variação fenotípica, respetivamente, o que é consistente com os 28,6% encontrados no presente estudo (Studer et al., 2008; Serba et al., 2015). Para vigor de plantas em alfafa, quatro QTLs foram detectados, explicando até 23,3% da variância fenotípica, o que é próximo aos 23,9% encontrados no presente estudo (McCord et al., 2014). A precisão com que um QTL pode ser localizado por um locus marcador genético é proporcional ao número de meiose amostradas (cada uma fornecendo a oportunidade de recombinação entre o marcador e o locus do traço) e, portanto, depende do tipo de população e do seu tamanho (Mackay, 2001). Os TAMs detectados no nosso estudo baseiam-se em 122 progénies F1 derivadas do cruzamento de duas plantas parentais não consanguíneas (progenitor 1, progenitor 2). Por conseguinte, o número de divisões meióticas foi limitado a uma por planta parental e por descendência. Teria sido desejável um tamanho de população maior; no entanto, devido ao grande número de autofecundações (Kempf et al., 2015) e ao conjunto de sementes geralmente baixo, isso não pôde ser realizado. Assim, devido ao número limitado de eventos de crossing over, partes maiores do cromossoma podem estar ligadas (e, portanto, sempre herdadas em conjunto). Por conseguinte, as distâncias entre o TAM observado e o verdadeiro QTL podem ser grandes e é provável que a associação se perca na geração seguinte de plantas, quando ocorrer o cruzamento entre o QTL e o TAM observado (Humphreys, 2005). Por esta razão e pela diversidade de marcadores alélicos entre populações, a aplicação dos TAMs detectados noutras populações de sanfeno pode ser um desafio. No entanto, eles ainda podem ser úteis em populações derivadas de cruzamentos de um dos pais usados neste estudo com outros materiais, por exemplo, para introgressão de uma determinada caraterística. 4.5.5 Tendências futuras para o melhoramento do sanfeno e conclusões De um modo geral, algumas das desvantagens associadas ao sanfeno podem ser compensadas por práticas de cultivo, por exemplo, reduzindo a concorrência de ervas daninhas e escolhendo plantas companheiras adequadas para aumentar a persistência. No entanto, as práticas de cultivo optimizadas não podem compensar totalmente a falta de capacidade de adaptação das cultivares de sanfeno disponíveis às diversas condições ambientais. O melhoramento genético não pode, por conseguinte, ser ignorado a longo prazo.

Neste estudo, verificou-se que as caraterísticas relevantes para a sobrevivência e reprodução das plantas estão positivamente correlacionadas, mostrando potencial para a sua melhoria simultânea através do melhoramento. Além disso, um subconjunto de marcadores polimórficos SSR e SRAP mostrou a sua utilidade para o rastreio de populações constituídas por progénies autofecundadas e cruzadas. Assim, a identificação de TAMs com base em métodos de regressão linear foi viável para caraterísticas de vigor, produção de sementes e um composto químico. Esses TAMs poderiam ser incorporados aos programas de melhoramento do sanfeno.

Em estudos futuros sobre o melhoramento do sanfeno, é necessário fornecer mais informações sobre a hereditariedade das caraterísticas. Será necessário aplicar os nossos sistemas de marcadores a várias populações maiores de sanfeno com diferentes antecedentes genéticos. Um outro passo importante será o estabelecimento de mapas de ligação para obter informações sobre a localização de QTLs no cromossoma. A possibilidade de consanguinidade, que foi recentemente confirmada (Kempf et al., 2015), poderia, assim, permitir o desenvolvimento de populações experimentais de mapeamento F 2 ou linhas consanguíneas recombinantes. Com um número maior de divisões meióticas amostradas, o mapeamento de ligação em tais populações, em combinação com um número maior de marcadores e indivíduos, pode permitir uma determinação mais precisa das posições do QTL do que a população. seria atualmente possível com nossa população F 1. O sanfeno está sub-representado na agricultura atual, apesar do seu inegável valor como cultura forrageira promotora da saúde animal e da sua adequação a ambientes com baixa disponibilidade de água e nutrientes. Esta sub-representação é também notória no melhoramento vegetal, com poucas variedades disponíveis e um número estagnado de novas variedades a chegar ao mercado. A base de conhecimentos para o melhoramento do sanfeno é limitada, existindo apenas informação marginal sobre a sua genética e a herança de diferentes caraterísticas. Os poucos estudos genéticos realizados até à data não permitiram aumentar as actividades de melhoramento do sanfeno e faltam esforços adicionais. No entanto, uma interação estreita entre a investigação e o melhoramento aplicado é vital para o êxito do progresso genético e do cultivo de uma espécie agrícola. Os estudos futuros devem, portanto, ter como objetivo responder a questões e apoiar abordagens relacionadas com o melhoramento do sanfeno. Por conseguinte, o principal objetivo do nosso estudo foi preencher as lacunas de conhecimento relacionadas com o modo de reprodução e fornecer ferramentas moleculares relevantes para o melhoramento do sanfeno.

Os resultados do presente estudo fornecem uma prova válida da possibilidade de autofertilização em sanfeno em números elevados e da coocorrência de depressão endogâmica, nomeadamente para a produção de sementes e o vigor das plantas. Em contraste com estudos anteriores sobre endogamia em sanfeno (Knipe e Carleton 1972; Demdoum 2012), estes resultados baseiam-se em marcadores moleculares de uma sequência dominante (relacionada com uma O sanfeno está sub-representado na agricultura atual, apesar do seu valor inegável como cultura forrageira promotora da saúde animal e da sua adequação a ambientes com baixa disponibilidade de água e nutrientes. Esta sub-representação é também notória no melhoramento vegetal, com poucas variedades disponíveis e um número estagnado de novas variedades a chegar ao mercado. A base de conhecimentos para o melhoramento do sanfeno é limitada, existindo apenas informação marginal sobre a sua genética e a herança de diferentes caraterísticas. Os poucos estudos genéticos realizados até à data não permitiram aumentar as actividades de melhoramento do sanfeno e faltam esforços adicionais. No entanto, uma interação estreita entre a investigação e o melhoramento aplicado é vital para o êxito do progresso genético e do cultivo de uma espécie agrícola. Os estudos futuros devem, portanto, ter como objetivo responder a questões e apoiar abordagens relacionadas com o melhoramento do sanfeno. Por conseguinte, o principal objetivo do nosso estudo foi preencher as lacunas de conhecimento relacionadas com o modo de reprodução e fornecer ferramentas moleculares relevantes para o melhoramento do sanfeno.

Os resultados do presente estudo fornecem uma prova válida da possibilidade de autofertilização em sanfeno em números elevados e da coocorrência de depressão endogâmica, nomeadamente para a produção de sementes e o vigor das plantas. Ao contrário de estudos anteriores sobre a endogamia no sanfeno (Knipe e Carleton 1972; Demdoum 2012), estes resultados baseiam-se em marcadores moleculares de tipo dominante (polimorfismo amplificado relacionado com a sequência, SRAP) e codominante (repetição de sequência única, SSR) que foram aplicados em diferentes populações estabelecidas através da polinização por insectos. Deste modo, foi possível identificar as condições que favorecem a autofertilização, ou seja, a disponibilidade limitada de flores da mesma planta, tal como acontece nas polinizações dirigidas artificialmente, ou que reduzem a autofertilização, ou seja, a abundância de flores, tal como acontece nas polinizações não dirigidas. Esta informação completa estudos anteriores sobre a autofertilização em sanfeno e pode ser utilizada para otimizar os métodos de reprodução convencionais ou para implementar sistemas de reprodução híbridos que exijam o desenvolvimento de linhas consanguíneas.

Para impulsionar os estudos genéticos, foram testados 101 marcadores SSR co-dominantes recentemente desenvolvidos, específicos da espécie, para verificar a sua aplicabilidade ao sanfeno, medindo a diversidade alélica num conjunto de plantas de sanfeno de diferentes origens. Estes marcadores SSR, juntamente com os marcadores SRAP dominantes, revelaram-se também adequados para utilização em estudos de associação genética, uma vez que foram detectados marcadores associados a caraterísticas (TAM) para caraterísticas relacionadas com o vigor (produção de sementes, altura da planta, vigor da planta) e um composto químico relevante numa população de mapeamento biparental F 1 de 122 indivíduos. Finalmente, a criação de um mapa de ligação foi abordada utilizando a população F1 e os marcadores acima referidos, tendo sido testados os dois programas informáticos TetraploidMap e JoinMap para ter em conta um carácter auto- e alotetraplóide do sanfeno, respetivamente. No entanto, devido a um poder estatístico limitado da única população de mapeamento, não foi possível estabelecer um mapa de ligação preciso, e ainda não foi possível dar nenhuma indicação sobre o melhor software a ser usado no mapeamento de ligação em sanfeno. Oportunidades de reprodução em sanfeno 6.1.1 Auto-fertilização e sistemas de reprodução Os altos números de auto-fertilização (48,5 a 64,8%) em nossas três populações biparentais (populações derivadas de polinização artificial derivada) sugerem que a consanguinidade não é necessariamente um evento raro em sanfeno. A presença de um sistema de auto-incompatibilidade como proposto por Tasei (1984) pode, portanto, ser negada. A depressão por endogamia acompanhada na descendência originada da autofertilização (doravante denominada autofertilização) comparada com a descendência originada da fertilização cruzada (doravante denominada cruzamento) foi mais forte para a produção de sementes com reduções de até 79,1%. Esta informação é importante, porque a consanguinidade tem de ser evitada em variedades de população clássica para aumentar a produção de sementes e o desempenho dos indivíduos. Até agora, o sanfeno foi cultivado com base em métodos de cruzamento de espécies com variedades populacionais ou sintéticas como produto final. A redução da autofertilização e, por conseguinte, da consanguinidade seria especialmente importante quando se efectua um policruzamento, ou seja, a polinização isolada entre um número limitado de plantas de elite multiplicadas clonalmente para a produção de sementes de base de uma variedade sintética (Posselt 2010). Os nossos resultados de endogamia em polinizações dirigidas naturalmente levam a sugerir que, com a presença de um número suficientemente grande de polinizadores e flores maduras de diferentes plantas, a taxa de auto-fertilização (até 3,9%) é negligenciável.

Assim, se o tamanho (número de diferentes genótipos de elite) de um policruzamento não for escolhido drasticamente pequeno e se o período de floração for síncrono entre os diferentes genótipos, pode ser assegurada uma fertilização cruzada eficiente, embora não exista um sistema rigoroso de auto-incompatibilidade. Nos policruzamentos clássicos de plantas forrageiras, o número de genótipos diferentes é escolhido entre 4 e 10 genótipos em números de réplicas da mesma gama (Humphreys 2000). No entanto, tendo em conta a baixa produção de sementes e o potencial limitado de propagação clonal de genótipos individuais, para assegurar uma fertilização cruzada eficiente e colher sementes suficientes, pode ser necessário aumentar ligeiramente este número de genótipos por policruzamento no caso do sanfeno. Isto é crucial porque evitar a consanguinidade através da emasculação de plantas maternas em sanfeno é menos prometedor (De Vicente e Arus 1996) e um sistema de esterilidade masculina não está estabelecido.

Capítulo 9

VARIAÇÃO GENÉTICA POPULACIONAL EM SANFENO (FABACEAE) REVELADA POR MARCADORES RAPD

Resumo.

Os estudos sobre plantas mostram que as populações que crescem em ambientes stressantes apresentam níveis mais elevados de diversidade genética e que, nas espécies cruzadas, a maioria da variação genética total é atribuída à população e não entre populações. Comparámos o nível de variação genética entre populações que crescem em ambientes stressantes e normais, e medimos os níveis de variações genéticas dentro e entre populações em *Onobrychis viciifolia* L. (Sainfoin, Fabaceae) com base em RAPDs. Os nossos resultados mostram que as populações que crescem no ambiente stressante, ou seja, em solos salinos, indicaram a menor (0,2466) ou a maior (0,3186) variação genética dentro da população com base na diversidade de Nei. Isto não está de acordo com a Teoria da Variação da Largura de Nicho, que espera uma maior diversidade genética dentro de populações stressantes. A partição da variação genética total por meio da análise de variância molecular (AMOVA) mostrou que 89,03% da diversidade genética total foi alocada dentro das populações, enquanto 10,97% dessa variação foi dedicada às populações entre si, indicando um modo de polinização predominantemente de cruzamento externo no sanfeno. Os dois parcs de populações que cresceram sob stress ambiental semelhante (clima frio e solo salino) apresentaram maior semelhança genética. Isto pode sugerir que os padrões de RAPDs reflectem mais a seleção do que a deriva aleatória.

Palavras-chave: stresses ambientais, diversidade genética, *Onobrychis viciifolia,* outcrossing, sanfeno.

Capítulo 10

MATERIAIS E MÉTODOS Espécies e local de estudo

A espécie *Onobrychis viciifolia* Scop. (Sainfoin, Fabaceae) é uma leguminosa forrageira perene, naturalmente distribuída pela Eurásia, e também amplamente cultivada há centenas de anos na Europa e na Ásia e, mais tarde, na América do Norte [35]. O sanfeno é uma leguminosa forrageira de alta qualidade e tem excelentes propriedades nutricionais e de palatabilidade [34]. Foram estudadas cinco populações selvagens de *Onobrychis viciifolia* de regiões ecologicamente diferentes no Azerbaijão Oriental, Irão. Incluímos duas populações de clima quente com solos salinos (Amand e Bonab), e duas populações de regiões com altitude elevada e clima frio (Sarab e Heris). A quinta população (Khosrosha) foi incluída no estudo a partir de uma área situada no meio das outras populações. As populações estavam separadas umas das outras por uma distância geográfica mínima de mais de 50 km, e isoladas por montanhas altas e grandes cidades. Foram amostradas aleatoriamente dez plantas individuais de cada população, com uma distância mínima de 400 m entre os indivíduos de cada população.

Capítulo 11

Extração de ADN e perfil PCR

O ADN genómico foi extraído de sementes e/ou plântulas de acordo com Miller [21], previamente utilizado para extrair cotilédones, com pequenas modificações, substituindo a areia prateada por azoto líquido. A concentração das amostras de ADN foi estimada por eletroforese em gel e espetrofotometria, e ajustada a 10ng/ml sempre que necessário. Foram examinados dez iniciadores RAPD de decâmero arbitrário (CinnaGen, Irão), dos quais cinco iniciadores produziram as bandas claras mais polimórficas, pelo que foram selecionados para análise posterior.O perfil de PCR foi efectuado utilizando o Master Mix (CinnaGen PCR MasterKit, Cat. N.º PR8251C) composto por Taq DNA Polymrease (0,04 u/µl), MgCl 2 (3 mM), dNTP (0,4 mM de cada dATP, dCTP, dGTP, dTTP), sendo adicionados 10 ng de ADN modelo. As amplificações foram efectuadas num termociclador Biometra para uma desnaturação inicial de 4 min a 94°C, seguida de 40 ciclos de 1 min a 93°C (desnaturação), 1 min a 40°C (recozimento) e 1,5 min a 72°C (síntese). Todos os produtos da PCR foram separados por eletroforese em géis de agarose a 1,5% p/v em tampão TBE 1X, corados com brometo de etídio (0,2 µg/pl), visualizados sob luz ultravioleta e fotografados com um transiluminador UV (UVP, EUA). As reacções de PCR e a eletroforese foram repetidas pelo menos duas vezes em cada caso para verificar a reprodutibilidade das bandas.

Capítulo 12

Análise de dados RAPDs

Os padrões de bandas foram classificados como 1 para a presença e 0 para a ausência de uma banda. Em seguida, os dados foram introduzidos numa matriz binária para análise de agrupamentos utilizando o programa NTSYS-pc (Numerical Taxonomy and Multivariate Analysis System, ver. 2.02). O número e a percentagem de bandas RAPD polimórficas foram obtidos para cada população. A diversidade genética dentro de cada população foi estimada com base no índice de informação de Nei [23] e Shanon, utilizando Popgen (versão 1.32). Para comparar a relação entre as populações, foi utilizado o método UPGMA (Unweighted Pair-Group Method with Arithmetical Averages) de DNA nuclear da matriz de dendrograma das populações (agrupamento sequencial, aglomerativo e aninhado do NTSYS-pc). A variação genética total foi dividida em dentro e entre as populações com base na análise de variância molecular (AMOVA) usando Arlequin (versão 3.11). O nível de significância para a estatística F análoga foi determinado usando 1023 réplicas bootstrap. A relação entre as distâncias genéticas foi Nei's através de distâncias geradas oSHAN hierárquico, baseado entre e as distâncias geográficas foi examinada usando o teste de correlação de Pearson (SPSS, 11.3).

Capítulo 13

RESULTADOS Padrões RAPD

Foi obtido um número total de 34 bandas RAPD claras, polimórficas e reprodutíveis utilizando cinco dos 10 iniciadores testados em cinco populações com 50 indivíduos. Cada iniciador produziu, em média, 6,8 bandas polimórficas. A percentagem de bandas RAPD polimórficas variou entre 66,67 e 84,62% (respetivamente nas populações Bonab e Amand).

Capítulo 14

Distância genética

A menor (0,2466, Nei's; 0,3640, índice de diversidade de Shannon) e a maior (0,3186 Nei's; 0,4618, Shannon's) diversidade genética dentro da população foram reveladas respetivamente nas populações Bonab e Amand, ambas crescendo em ambientes stressantes de solos salinos. A repartição da variação genética total entre e dentro das populações através da análise de variância molecular (AMOVA) indicou que 10,97% da variação genética total pertence às populações e 89,03% às populações. A matriz de distâncias de Nei mostrando a distância genética entre pares de populações indicou as menores distâncias entre as populações Heris e Sarab (0,0635), e também entre Bonab e Amand (0,0795), enquanto a maior distância foi observada entre Sarab e Bonab (0,1411) e também entre Heris e Bonab (0,1654) (Tabela 4). No dendrograma UPAGMA baseado na matriz de distâncias de Nei, as populações Bonab e Amand estavam estreitamente aninhadas num ramo, e as populações Sarab e Heris estavam localizadas noutro ramo, enquanto a Khosrosha estava separada de todas as outras populações.

A avaliação das distâncias geográficas e genéticas entre as populações indicou que as distâncias genéticas entre as populações não se correlacionaram com as distâncias geográficas das populações de *O. viccifolia* na região de estudo (Fig. 3; $P > 0,3$, N=10, Teste de Correlação de Pearson, SPSS, 11.3).

O sanfeno está sub-representado na agricultura atual, apesar do seu inegável valor como cultura forrageira promotora da saúde animal e da sua adequação a ambientes com baixa disponibilidade de água e nutrientes. Esta sub-representação é também notória no melhoramento vegetal, com poucas variedades disponíveis e um número estagnado de novas variedades a chegar ao mercado. A base de conhecimentos para o melhoramento do sanfeno é limitada, existindo apenas informação marginal sobre a sua genética e a herança de diferentes caraterísticas. Os poucos estudos genéticos realizados até à data não permitiram aumentar as actividades de melhoramento do sanfeno e faltam esforços adicionais. No entanto, uma interação estreita entre a investigação e o melhoramento aplicado é vital para o sucesso do progresso genético e do cultivo de uma espécie agrícola. Os estudos futuros devem, portanto, ter como objetivo responder a questões e apoiar abordagens relacionadas com o melhoramento do sanfeno. Por conseguinte, o principal objetivo do nosso estudo foi preencher as lacunas de conhecimento relacionadas com o modo de reprodução e fornecer ferramentas moleculares relevantes para o melhoramento do sanfeno.

Os resultados do presente estudo fornecem uma prova válida da possibilidade de autofertilização em sanfeno em números elevados e da coocorrência de depressão endogâmica, nomeadamente para a produção de sementes e o vigor das plantas. Ao contrário de estudos anteriores sobre a endogamia no sanfeno (Knipe e Carleton 1972; Demdoum 2012), estes resultados baseiam-se em marcadores moleculares de tipo dominante (polimorfismo amplificado relacionado com a sequência, SRAP) e codominante (repetição de sequência única, SSR) que foram aplicados em diferentes populações estabelecidas através da polinização por insectos. Deste modo, foi possível identificar as condições que favorecem a autofertilização, ou seja, a disponibilidade limitada de flores da mesma planta, tal como acontece nas polinizações dirigidas artificialmente, ou que reduzem a autofertilização, ou seja, a abundância de flores, tal como acontece nas polinizações não dirigidas. Esta informação completa estudos anteriores sobre a autofertilização em sanfeno e pode ser utilizada para otimizar os métodos de melhoramento convencionais ou para implementar sistemas de melhoramento híbridos que requerem o desenvolvimento de linhas consanguíneas. Para impulsionar os estudos genéticos, 101 marcadores SSR co-dominantes específicos da espécie, recentemente desenvolvidos, foram testados quanto à sua aplicabilidade em sanfeno, medindo a diversidade alélica num conjunto de plantas de sanfeno de diferentes origens. Estes marcadores SSR, juntamente com os marcadores SRAP dominantes, revelaram-se também adequados para utilização em estudos de associação genética, uma vez que foram detectados marcadores associados a caraterísticas (TAM) para caraterísticas relacionadas com o vigor (produção de sementes, altura da planta, vigor da planta) e um composto químico relevante numa população de mapeamento biparental F 1 de 122 indivíduos. Finalmente, a criação de um mapa de ligação foi abordada utilizando a população F1 e os marcadores acima mencionados, tendo sido testados os dois programas de software TetraploidMap e JoinMap para ter em conta um carácter auto- e alotetraplóide do sanfeno, respetivamente. No entanto, devido a um poder estatístico limitado da população única de mapeamento, não foi possível estabelecer um mapa de ligação exato, e ainda não pode ser dada nenhuma indicação para o melhor software a ser utilizado no mapeamento de ligação em sanfeno. 6.1 Oportunidades de reprodução em sanfeno 6.1.1 Auto-fertilização e sistemas de reprodução .

Os números elevados de auto-fertilização (48,5 a 64,8%) nas nossas três populações biparentais (populações derivadas de polinização artificial derivada: ADP, sugeriu que a consanguinidade não é necessariamente um evento raro em sanfeno. A presença de um sistema de auto-incompatibilidade como proposto por Tasei (1984) pode, portanto, ser negada. A depressão endogâmica acompanhada na descendência originada da autofertilização (doravante denotada como autofecundação) comparada com a descendência originada da fertilização cruzada (doravante denotada como cruzamento) foi mais forte para a produção de sementes com reduções de até 79,1%. Esta informação é importante, porque a consanguinidade tem de ser evitada em variedades de população clássica para aumentar a produção de sementes e o desempenho dos indivíduos. Até à data, o sanfeno foi cultivado com base em métodos de cruzamento de espécies com variedades populacionais ou sintéticas como produto final. A redução da autofertilização e, por conseguinte, da consanguinidade seria especialmente importante quando se efectua um policruzamento, ou seja, a polinização isolada entre um número limitado de plantas de elite multiplicadas clonalmente para a produção de sementes de base de uma variedade sintética (Posselt 2010). Os nossos resultados de endogamia em polinizações dirigidas naturalmente levam a sugerir que, com a presença de um número suficientemente grande de polinizadores e flores maduras de diferentes plantas, a taxa de auto-fertilização (até 3,9%) é negligenciável.

Assim, se o tamanho (número de diferentes genótipos de elite) de um policruzamento não for escolhido drasticamente pequeno e se o período de floração for síncrono entre os diferentes genótipos, pode ser assegurada uma fertilização cruzada eficiente, embora não exista um sistema rigoroso de auto-incompatibilidade. Nos policruzamentos clássicos de plantas forrageiras, o número de genótipos diferentes é escolhido entre 4 e 10 genótipos em números de réplicas da mesma gama (Humphreys 2000). No entanto, tendo em conta a baixa produção de sementes e o potencial limitado de propagação clonal de genótipos individuais, para assegurar uma fertilização cruzada eficiente e colher sementes suficientes, pode ser necessário aumentar ligeiramente este número de genótipos por policruzamento no caso do sanfeno. Isto é crucial porque evitar a consanguinidade através da emasculação de plantas maternas em sanfeno é menos prometedor (De Vicente e Arus 1996) e um sistema de esterilidade masculina não está estabelecido.

Capítulo 15

DISCUSSÃO

Nas populações actuais de *Onobrychis*, tanto as que crescem em ambiente stressante de solos salinos indicaram a menor ou a maior variação genética dentro da população. Isto está, em parte, em desacordo com a teoria da variação da largura do nicho [33], que espera níveis mais elevados de diversidade genética em populações que crescem em ambiente stressante. As razões para uma menor variação genética dentro da população de *O. viccifolia* em ambientes stressantes podem dever-se ao facto de estas populações se terem estabelecido recentemente devido ao efeito fundador, ou derivado de um efeito de estrangulamento. Isto pode provavelmente ser resultado da implementação de um pequeno número de primers. No entanto, utilizando marcadores ISSRs sobre este assunto, os resultados obtidos foram confirmados (dados não publicados). Vários estudos comparativos sobre populações de plantas registaram a maior quantidade de variação genética em populações que crescem sob stress ambiental. Os níveis mais elevados de diversidade de RAPDs foram revelados em populações selvagens de *Hordeum spontaneum* de áreas sujeitas a stress árido-frio ou árido-térmico [26]. Do mesmo modo, as populações de *Triticum dicoccoides* L. que crescem sob stress ambiental de altitude elevada e frio árido apresentaram a maior diversidade de RAPDs em comparação com as populações de ambientes normais [21]. Entre as diferentes populações de *Aster tripolium* a salina apresenta a maior variabilidade de RAPDs, enquanto *a viccifolia* apresenta a maior variabilidade [7]. Também foi relatada uma relação positiva entre diversidade genética e factores ecológicos utilizando outros marcadores moleculares. Foi detectada uma maior diversidade genética com base em SSRs e ISSR em populações de *Hordeum spontaneum* que crescem sob stress árido e quente [32], e de *Viola tricolor* que crescem em solos contaminados com metais pesados, por exemplo zinco, chumbo e cádmio, em comparação com as populações que crescem em solos não contaminados [31]. Em contrapartida, alguns relatórios mostraram que os níveis de variação genética em populações de plantas que crescem em ambientes stressantes são iguais ou inferiores aos valores obtidos para populações que crescem em condições normais. Foram registados níveis iguais de diversidade genética dentro da população entre populações tolerantes e não tolerantes ao cobre de *Agrostis stolonifera* [36] e *Arrhenatherum elatius* [11]. Foram detectados níveis significativamente mais baixos de diversidade RAPD em populações de *Sedum alfredii* que crescem em solos com elevada concentração de metais pesados [10] e de *Larix gmelinii* que crescem numa zona poluída com flúor [19]. Estas variações genéticas mais baixas detectadas em populações sujeitas a stress foram atribuídas quer ao efeito fundador, quer ao efeito de estrangulamento e/ou ao fluxo de genes entre populações normais e sujeitas a stress. Todos estes dados indicam que os padrões de variação genética entre populações de espécies vegetais que crescem sob stress ambiental são mais diversos do que os padrões anteriormente propostos. Nossos resultados sobre a variação genética de diferentes populações de *Onobrychis viciifolia* mostraram que a maior parte da variação genética total foi alocada dentro (89,03%), em vez de entre populações (10,97%). Isto indica que *a O. viciifolia* é maioritariamente uma espécie de outcrossing. Este facto é consistente com os valores reportados para outras espécies de plantas com cruzamentos cruzados utilizando RAPDs, em que a variação genética dentro das populações representa a maioria da variação total, por exemplo 73% a 80.5% em *Buchloe dactyloides* [17], 74% a 95% em *Eucalyptus globulus* [24], apesar do seu pequeno tamanho 63% em *Vicia dumetorum* [6], 86% em *Fitzroya cupressoides* [2], 74% em *Ranunculus reptans* [14], 93% em *Podocarpus salignus* [3], 81.4% em *Pilgerodendron uviferum* [4] e 88,7% em *Astragalus oniciformis* [1], embora tenham sido registados casos de níveis iguais ou inferiores de variação genética dentro das populações para leguminosas cruzadas, por exemplo, 50% em *Medicago sativa* [9] e 40,1% em *Gliricidia sepium* [8]. Foi detectada uma gama estreita de percentagem de bandas RAPD polimórficas (66,7 - 84,6%) e a variação genética dentro da população (0,25-0,32, Nei's) nas populações de sanfeno. Esta baixa variação genética de uma população para outra é um padrão geral em espécies outcrossing, porque as espécies predominantemente outcrossing têm níveis mais elevados de variabilidade genética dentro das populações, mas um menor grau de diferenciação entre populações em comparação com as espécies selfing [16]. A proximidade genética entre as duas populações geograficamente distantes, mas ecologicamente semelhantes, de Bonab e

Amand (ambas crescendo em solos salinos), e Heris e Sarab (ambas distribuídas em regiões de elevada altitude e clima frio) pode refletir o impacto ecológico, mais do que a geografia. Devido ao pequeno número de populações incluídas neste estudo, não foi possível avaliar estatisticamente a relação entre ecologia e similaridade populacional. Em geral, a associação da variação genética com as condições ambientais foi considerada devida à seleção natural ou à dispersão local de genes [15, 16]. Relativamente às barreiras naturais, por exemplo, as grandes distâncias geográficas (mais de 50 km) e as grandes cidades entre as cinco populações estudadas, é improvável que ocorra fluxo genético entre estas cinco populações. Este facto pode sugerir uma relação positiva entre os padrões RAPD e as semelhanças ecológicas entre as populações de sanfeno estudadas. Foi revelada uma relação ecológica parcial entre os padrões RAPD entre as populações de *O. viccifolia* utilizando ADN em bloco [28]. No entanto, muitos outros estudos interpretaram a associação entre as condições ambientais e os padrões RAPD entre populações de espécies vegetais devido à seleção natural (ver abaixo). A correlação da diferenciação RAPD com a divergência de factores climáticos e a ausência de diferenciação com as distâncias geográficas foi comunicada entre diferentes populações de *Stipa grandis* [27]. Do mesmo modo, foi observada uma associação da semelhança genética RAPD com stresses ambientais, como estepes e desertos quentes ou frios, mas não com a geografia, entre populações de cevada selvagem *Hordeum spontaneum* [26]. Foram comunicadas correlações significativas de semelhanças de RAPDs com factores climáticos e do solo, e a ausência de quaisquer correlações com a geografia, entre diferentes populações de *Triticum dicoccoides* selvagem [12]. Além disso, foi registada uma associação semelhante entre a semelhança genética e as pressões ambientais em populações de plantas utilizando marcadores alozimáticos e SSRs [20]. Todos estes estudos, juntamente com os nossos dados, podem apoiar a ideia de que existe uma causa baseada na seleção para a associação entre semelhanças genéticas e ecológicas nas populações de plantas. No entanto, são necessários muitos mais estudos, incluindo um maior número de populações, para estabelecer o padrão geral de associação entre factores ecológicos e marcadores RAPD.

Capítulo 16

INTRODUÇÃO

O sanfeno, com o nome científico de "onobrychis", pertence à família das leguminosas "vicifolia scop". (carbonero eta l, 2011).

A resistência à secura é a caraterística mais sensível que a torna adequada para a lavoura em família seca (Human et al; 1975).

O tanino presente na folhagem do sanfeno impede o rúmen do animal de realizar a hidrólise das proteínas e aumenta a absorção de aminoácidos no intestino delgado do ruminante. (carbonero et al, 2011).

É muito importante conhecer a variedade genética das diferentes plantas para a produção sucessiva de dígitos artificiais, que é o procedimento corretivo mais comum nas leguminosas, uma vez que a produção de dígitos artificiais se baseia na escolha de variedades progenitoras com boa ação, para permitir a máxima histerese nos resultados. Também para diminuir o volume de sucesso conservado no banco de genes e verificar a pureza dos cruzamentos de sementes de plantas é importante (Brummer, 1999). O estudo da variedade genética por sinais morfológicos, acompanha-se de limitações como a baixa multiformidade e a baixa hereditabilidade das condições ambientais. Os marcadores moleculares não têm os problemas mencionados em relação aos marcadores morfológicos e são ferramentas poderosas para a avaliação das relações relativas, escolha das plantas superiores e verificação da semelhança ou diferença entre diferentes amostras. (Awas thi.e tal, 2004) A propósito, os microssatélites ou sequências repetitivas simples (SSR), são as repetições de 1-6 pares da sequência de ADN que, no início, se supunha estarem apenas em regiões não codificadoras da sequência de ADN, enquanto que, por lapso, se verificou a ocorrência de microssatélites na sequência codificadora ou traduzida, EST-SSR espalhada (choudhary et al, 2009). Os marcadores de microssatélites apresentam geralmente níveis elevados de multiforma e, apesar de muitos factores em cada local genético, são capazes de diferenciar entre tipos muito semelhantes. (kuleung et al , 2004; kaliaet)tendo em conta o facto de ser dispendioso o método de propagação de SSR em laboratórios de genética, o acesso a muitos EST e a outras informações de sequências de ADN, a propagação de iniciadores SSR através da extração de informações é uma parte eficiente e barata para muitos tipos de ervas.(Eujayl et al 2004, vaysh ney et al, 2005), apesar de existirem tantas bases de dados EST para outras plantas, mas existe um pouco para o sanfeno, pois a genómica compara vividamente que a disposição e o conteúdo do gene entre espécies próximas são muito protegidos, pelo que um iniciador de uma espécie pode existir noutra. (kuleung et al, 2004). A esta utilização chama-se transferibilidade. 27 iniciadores SSR de "Medicago sativa" e "Glycin max" foram testados por "Demdoum" e seus parceiros para a transferibilidade em "Vicifolia", e depois de reconhecer os iniciadores que podiam produzir formas múltiplas, eles usaram 6 pares SSR para impressão digital e estimar a similaridade genética em 23 sainfoin agrícolas e 2 tipos selvagens. Com base nisso, o sanfeno agrícola foi separado de 2 sanfonas selvagens e 23 sanfonas agrícolas com base na origem geográfica (Demdoum et al., 2011). Num outro estudo, realizado por "Avci" e colaboradores (2014), foi testada a transferibilidade de 95 iniciadores SSR de "Medicago Truncatula" e "phasolus sativa" para o sanfeno, e 18 marcadores foram declarados para verificar a variedade genética do sanfeno.Dos outros marcadores moleculares, podemos mencionar o "RAPD", que foi amplamente utilizado em estudos relacionados com a variedade, a estrutura e a semelhança genética em muitas espécies de ervas. (Este marcador, por estudar todo o genoma, é bom para ler o efeito da escolha natural na estrutura genética da população de ervas, embora tenha limitações, como o facto de ter uma natureza conquistadora e não reconhecer a hemozigosidade da hetrozigosidade. Entre os outros marcadores para estudar a variedade genética do sanfeno, podemos mencionar o marcador molecular "SRAP", que é composto por simplicidade, alta segurança, cobertura média global do genoma e capacidade de duplicar a região codificadora no genoma. Materiais e métodos A população de sanfeno agrícola mencionada incluía 5 espécies de sanfeno iraniano e 17 espécies estrangeiras, geradas através da recolha direta e da amostragem no banco de genes da Alemanha (IPK) e dos EUA (USD). (Após o crescimento das plantas, foram selecionadas 10 amostras de cada categoria todas as semanas, e a amostragem foi feita a partir do folíolo fresco e saudável de cada planta.Para determinar a qualidade e a quantidade de DNA foi utilizado gel de agarose 0,7% em TBE 0,5X, pintura com brometo de etídio (10mg/ml) e máquina Gel Document. Como os microssatélites (SSR) não estão definidos no género onobrychis, o rastreio dos SSR definidos no género medicago permite encontrar similares no genoma onobrychis. Neste estudo foram selecionados 24 pares de SSR e EST-SSR de medicago a título de multiforma elevada e de diferentes fontes. (contacto de informação sobre polimorfismo). (quadro 2) A reação em cadeia do polímero (PCR) foi produzida para amostras em massa de 15 micro litros, contendo 1,5 micro litros de tampão 10X, 1,5 micro litros de Mg Cl, uma unidade de Tag DNA Polymerase, 0,3 mili molar de dNTPS, 0,25 micro molar de cada iniciador e 50 nanogramas de ADN genómico de cada amostra. A reação foi realizada na máquina "Thermo Cycler" sob a forma de: um ciclo de desnaturação inicial a 94 °C durante 4 minutos, 35 ciclos, desnaturação secundária a 94 °C durante 1 minuto, ligação do iniciador ao ADN a (50-55)°C durante 45 segundos e extensão das partes de ADN sintetizado a 72 °C durante 2 minutos e um ciclo de extensão final a 72 °C durante 10 minutos.O produto polimérico encadeado foi obtido a partir de 12 por cento de acrilato electroforético e pintado por AgNo3.Utilizou-se o fator de correlação do coeficiente pelo software NT SYS versão 2.0.2. para determinar o fator de semelhança mais adequado e o algoritmo race mose (saracli et al, 2013). Com base nisto, para classificar as categorias, utilizou-se a análise racemose com o método de ligação absoluta e concordância simples no programa de matriz de semelhança e a relação entre as categorias foi feita utilizando o desenho "PCOA" pelo software "NTYSYS, VERSÃO 2.0.02" (Rohlf,1998) A percentagem de multiformas de cada iniciador é determinada pela divisão do número de posições multiformas pelo número de todas as posições.

O conteúdo de informação da forma do polímero (PCI) foi calculado da seguinte forma para cada momento:

$$\mathrm{PCI} = 1 - \sum_{i=1}^{N} \mathrm{Pij}$$

Nesta equação, i =quantidade de fator no marcador, j=categoria e n=número de fator

RAPD; Material e procedimento Neste estudo, foram estudadas 5 categorias diferentes de sanfeno agrícola que crescem na província "East Azarbayjan" de forma selvagem. Foram selecionados aleatoriamente 10 casos de cada categoria. Estas categorias estavam geograficamente distantes umas das outras pelo menos 50 quilómetros. As categorias estudadas diferiam entre si em termos de: altura do nível do mar, latitude, clima, grau de salinidade do solo (Quadro 1). Duas categorias crescem em "Ahar" e "Khosroshahr", em solos parcialmente salinos e num espaço geográfico próximo. As duas categorias "Heris" e "sarab" têm uma transmitância em região fria e nível do mar mais elevado e estão próximas umas das outras, enquanto a categoria "Banabs" está longe das outras 4 categorias e, devido ao facto de crescer em sal absoluto, é diferente das outras classes estudadas do ponto de vista ecológico. Em termos de latitude, as classes "sarab" e "khosroshahr" estão próximas umas das outras. Também duas classes "Ahar" e "heris" têm quase a mesma latitude, enquanto "Banab" é totalmente diferente. Extração de ADN e desempenho RAPD O ADN nuclear foi extraído de sementes jovens segundo o procedimento de "Madden" (2002). O ADN jovem de uma categoria foi composto após a extração para fornecer um bloco de ADN como tipificação dessa classe.

O cálculo da densidade do ADN extraído foi efectuado por eletroforese em gel, 0,8 por cento de agarose, espetrofotometria em 260 nanómetros, para a densidade final ser fixada em 10ng/ml. O conteúdo de 10 nanogramas de ADN como padrão, 1 microlitro de iniciador com 100 pm/µl de densidade, no volume final de 25µl na máquina termocicladora, foi efectuado como mencionado na apresentação SSR. Realização da experiência com base no marcador SRAP. Nesta experiência, 17 diferentes espécies de sanfeno pertencentes a 4 tipos de vicifólia (13 peças), vicifólia (1 peça), vicifólia (1 peça) e vicifólia (1 peça) foram recolhidas em diferentes regiões do Irão e, após extração do ADN pelo método de Thompson e Murray e definição da quantidade e qualidade dessa reação de "PCR", foram cumpridas as seguintes condições: a partir de 10 iniciadores estudados, foram combinadas 88 bandas, das quais 73 (95,82 %) eram multiformes.

Capítulo 17

RESULTADO

Do total de 26 pares de primers SSR e EST SSR de Medicago (quadro 2), 8 pares de primers SSR e um par de primers EST-SSR eram multiformes em sanfeno, que foi utilizado para o estudo da variedade genética nas categorias agrícolas de sanfeno. 9 pares de primers de microssatélites utilizados para avaliar as categorias de sanfeno. Os 9 pares de primers de microssatélites utilizados para a avaliação das categorias de sanfeno permitiram separar 44 factores de alelos. O número de factores para cada local foi variável entre 4 e 6. e o local das partes duplicadas foi entre 100 e 400 pares. O conteúdo da informação multiforme para a posição dos pequenos satélites estudados foi variável de 0,2 a 0,43. e teve um valor médio de 0,33. No que diz respeito ao RAPD, apenas metade dos 10 iniciadores experimentais produziu bandas multiformes explícitas e pontuáveis e, para garantir a repetibilidade das bandas produzidas, as amostras estudadas foram repetidas três vezes por 5 iniciadores e os padrões de bandas resultantes foram os mesmos em cada repetição, o que confirma a repetibilidade dos padrões mencionados.

Totalmente

Entre as 12 bandas multiformes produzidas, a maioria das bandas multiformes foram os primers número 1,2 com muitas 3 bandas multiformes (25%) e a menor parte foram os primers número 2,3,5 com 2 bandas para cada (% 16,7) e a matriz de espaço genético calculada mostra que o maior espaço genético é 0,4904 entre banab e a classe Heris e o menor espaço 0,0572 entre amand e khosroshahr e na fase seguinte 0,087 entre Heris e sarab e entre heris e amand. Assim, amand e khosroshahr, devido à semelhança genética, devem ser colocados no mesmo racemo (dendrograma UMGMA), Sarab e Heris noutro racemo e Banab, devido à menor semelhança, num racemo separado. O controlo da variedade genética entre as nuvens através do marcador SRAP mostra que a genética predomina entre 124 e 349. da transmitância da província das nuvens, o espaço genético mínimo situa-se entre as nuvens russas e o espaço máximo entre as nuvens nas regiões de Damavand e Najafabad e o valor numérico é de 33,1. O fluxo genético entre os grupos mostra que existe fluxo genético para as categorias estudadas, mas não é suficiente para causar categorias homogéneas, e o domínio do índice de informação shanone foi calculado entre 31 e 52 para o composto de iniciadores.

Capítulo 18

Discussão e resultados

As questões resultantes do estudo do pequeno satélite de Medicago para o sanfeno mostram que o reconhecimento do pequeno satélite no sanfeno pode ter uma capacidade considerável devido ao estudo da relação e da variedade genética no sanfeno e os marcadores SSR podem mostrar uma forma múltipla elevada. Nesta investigação, as classes de sanfeno iraniano e estrangeiro foram colocadas em grupos separados, que apresentam uma elevada variedade genética no plasma germinativo e podem ser utilizadas em programas de modificação e híbridos para alcançar uma histerese adequada. Também os resultados do inquérito sobre as categorias selvagens de sanfeno agrícola mostram que, para além da histerese superior nas classes de sanfeno que têm as mesmas condições morfológicas e têm um espaço geográfico próximo, também têm mais semelhanças genéticas. Isso foi clonado por massa de DNA usando marcador RAPD para reconhecimento de diferentes ecótipos. Por outro lado, a mistura em massa é símbolo de baixa variedade genética, mas a análise de racemose mostra que pode justificar [6 29,45] por cento de todas as mudanças totalmente. Portanto, a pesquisa em alta variedade genética de sanfeno usando microssatélite e separação ecológica por marcador RAPD e método de análise de racemose é a melhor maneira de avaliar a variedade genética entre a massa de sanfeno por dados SRAP.

REFERÊNCIAS

Avci et al.(2014). Análise da diversidade genética de Onobrychis usando marcadores SSR de espécies de leguminosas relacionadas. O Jornal de Ciências Animais e Vegetais, 24(2): 556-566.

Awasthi, A.K., Nagaraja, G.M., Naik, G.V., Kanginakudru, S., Thangavelu, K., e Nagaraju, J.(2004). Genetic diversity and relationships in mulberry (genus Morus) as revealed by RAPD and ISSR marker assays. BMC Genetics, 5:1-9.

Botstein D, White RL, Skolnick M e Davis RW (1980) Construction of genetic linkage map in man using restriction fragment length polymorphisms. Am J Hum Genet 32:314-331. Brummer, E.C. (1999). Capturing hetrosis in forage crop cultivar development. Crop Science, 39: 943-954.

Carbonero, C.H., Mueller-Harvey, I., Brown, T.A., e Smith, L. (2011). Sainfoin (Onobrychis viciifolia): uma leguminosa forrageira benéfica. Plant enetic Resources: Characterization Utilization,9:70-85.

Choudhary, S., Sethy, N.K., Shokeen, B., e Bhatia, S. (2009). Desenvolvimento de marcadores EST-SSR de grão-de-bico e análise da variação alélica entre espécies relacionadas. Theoretical and Applied Genetics,118:591- 608.

Demdoum, S., Munoz, F., Delgado, I., Valderrabano, J., e Wunsch, A. (2011). Amplificação cruzada EST-SSR e similaridade genética no género Onobrychis. Genetic Resources and Crop Evolution,59: 253-260.

Eujayl, I., Sledge, M.K., Wang, L., May, G.D., Chekhovsiy, K., Zwonitzer, J.C., e Mian, M.A.R. (2004). Medicago truncatula EST-SSR reveal cross- species markers for Medicago spp. Theoretical and Applied Genetics,108:414-422.

Hume, L. J., Withers, N. J., e Rhoades, D. A. (1985). Fixação do azoto no sanfeno (Onobrychis viciifolia) 2. Effectiveness of the nitrogen-fixing system. New Zealand Journal of Agricultural Research, 28:337348.

Kuleung, C., Baenziger, P.S., e Dweikat, I., 2004. Transferibilidade de marcadores SSR entre trigo, centeio e triticale. Theoretical and Applied Genetics, 108:1147-1150.

Madden D. (2002). Investigando o ADN das plantas. Technical guide.Version 2.3.The National Centre for Biotechnology Education.UK. Murray, M.G., e Thompson, W.F., (1980). Rapid isolation of high molecular weight plant DNA.

Nosrati, H., Feizi, M.A.H., Tarrah, S.S., Haghighi, A.R. - Variação genética populacional em sainfoin (Fabaceae) revelada por marcadores RAPD.

Nucleic Acids Research, 8: 4321- 4325. Nybom H., Bartish, I (2000). Effects of life history traits and sampling strategies on genetic diversity estimates obtained with RAPD markers in plants. Perspectives in plant ecology, evolution and systematics 3:93-114.

Rohlf, F.J. (1998). NTSYS-pc sistema de taxonomia numérica e análise multivariada. Versão 2.00. Exeter Software, Setauket, NY. Varshney RK, Graner A, Sorrells ME. (2005). Genic microsatellite markers in plants: features and applications. Trends Biotechnol, 23(1):48-55.

Van Valen, L., (1965): Variação morfológica e largura do nicho ecológico. American Naturalist, 99: 377-390.

Veitch, N.C., Regos, I., Kite, G.C., Treutter, D., (2011): Acylatedflavonol glycosides from the forage legume, *Onobrychis viciifolia* (sainfoin). Phytochemistry, 72: 423429.

Welsh, S.L. Atwood, N.D., Goodrich, S., Higgins, L.C., (2003): A Utah Flora. Brigham Young University Press, Provo, Utah. 912 p.

Werlemark G, Uggla M, Nybom H(1999). Marcadores morfológicos e RAPD mostram uma distribuição altamente enviesada num par de cruzamentos recíprocos entre espécies hemissexuais de rosa brava, Rosa sect. Caninae. Theoretical and Applied Genetics,98:557 -563.

Wikipedia.org acedido a partir de https://en.wikipedia.org/wiki/Onobrychis_viciifolia Williams, J. G. K., Kubelik, A. R., Livak, K. J., Rafalski, J. A. e Tingey, S.V. (1990) DNA polymorphism amplified by arbitrary primers are useful as genetic markers. Nucleic Acids Research,18: 6331-6535.

Wu, L., Bradshaw, A.D., Thurman, D.A., (1975): The potential for evolution of heavy metal tolerance in plants III. A rápida evolução da tolerância ao cobre em *Agrostis stolonifera*. Hereditariedade, 34: 165-178.

Alexander, J. A., Liston, A., Popovich, S.J., (2004): Diversidade genética do estreito endémico *Astragalus oniciformis* (Fabaceae). American Journal of Botany, 91: 20042012.

Allnutt, T.R., Newton, A., Premoli A., Armesto, J.J., Vergara, R., Gardner, M., (1999): Variação genética em *Fitzroya cupressoides* (alerce), uma conífera sul-americana ameaçada. Molecular Ecology, 8: 975-987.

Allnutt, T.R., Courtis, J.R., Gardner, M., Newton, A.C., (2001): Genetic variation in wild Chilean and cultivated British populations of *Podocarpus salignus* D. Don (Podocarpaceae). 14 Edinburgh Journal of Botany, 58: 459-473.

Allnutt, T.R., Newton, A.C., Premoli, A., Lara, A., (2003): Variação genética na conífera sul-americana ameaçada *Pilgerodendron uviferum* (Cupressaceae), detectada através de marcadores RAPD. Biological Conservation, 114: 245-253.

Barrett, R.D.H., Schluter, D., (2008): Adaptação da variação genética permanente. Tendências em Ecologia e Evolução, 23: 38-44.

Black-Samuelsson, S., Andersson, S., (1997): Relações entre a variação da norma de reação e a diversidade RAPD em *Vicia dumetorum* Fabaceae. International Journal of Plant Science, 158: 593-601.

Brock, J., Aboling, S., Stelzer, R., Esch, E., Papenbrock, J., (2007): Genetic variation among different populations of *Aster tripolium* grown on naturally and anthropogenic salt-contaminated habitats. Implicações para estratégias de conservação. Journal of Plant Research, 120: 99-112.

Chalmers, K.J., Waugh, R., Sprent, J.I., Simons, A.J., Powell, W., (1992): Deteção de variação entre e dentro de populações de *Gliricidia sepium* e *G. maculate* usando marcadores RAPD. Hereditariedade, 69: 465-472.

Crochemore, M.L., Huyghe, C., Kerlan, M.C., Durand, F., Julier, B., (1996): Partição e distribuição da variação RAPD num conjunto de populações do complexo *Medicago sativa*. Agronomie, 16: 421-432.

Deng, J., Liao, B., Ye, M., Deng, D., Lan, C., Shu, W., (2007): Os efeitos da poluição por metais pesados na diversidade genética das populações do hiperacumulador de zinco/cádmio *Sedum alfredii*. Plant and Soil, 297: 83-92.

Ducousso, A., Pett, D., Valero, M., Vernet, P., (1990): Variação genética entre e dentro de populações de uma gramínea perene. *Arrhenatherum elatius*. Hereditariedade, 65: 179-188.

Fahima, T., Sun, G.L., Beharav, A., Krugman, T., Beiles, A., Nevo, E., (1999): RAPD polymorphism of wild emmer wheat populations, *Triticum dicoccoides*, in Israel. Theoretical and Applied Genetics, 98: 434-447.

Feder, M.E., Mitchell-Olds, T., (2003): Evolutionary and ecological functional genomics. Nature Reviews Genetics, 4: 651-657.

Fischer, M., Husi, R., Prati, D., Peintinger, M., Van Kieunen, M., Schmid, B., (2000): Variação RAPD entre e dentro de pequenas e grandes populações da planta clonal rara *Ranunculus reptans* (Ranunculaceae). American Journal of Botany, 87: 11281137.

Hamrick, J.L., Godt, M.J.W., (1989): Allozyme diversity in plant species. pp. 43-63. Em Brown, A.H.D., Clegg, M.T., Kahler, A.L., Weir, B.S., (Eds.): Plant Population Genetics, Breeding and Genetic Resources. Sinauer Associates, Sunderland, MA.

Hamrick, J.L., Godt, M.J.W., (1996): Efeitos dos traços da história de vida na diversidade genética das espécies vegetais. Tom. XIX, Issue: 1, 2012, pp. 11-16 Philosophical Society London, Section B, 351: 1292-1298.

Huff, D.R., Peakall, R., Smouse, P.E., (1993): RAPD variation within and among natural populations of outcrossing buffalograss *(Buchloe dactyloides* (Nutt.) Engelm). Theoretical and Applied Genetics, 86: 927-934.

Karrenberg, S., Widmer, A., (2008): Ecologically relevant genetic variation from a non-Arabidopsis perspective Current Opinion in Plant Biology, 11: 156-162.

Kozyrenko, M.M., Artukova, E.V., Shmakov, V.N., Konstantinov, Y.M., (2007): Efeito da poluição por flúor na variabilidade genética de *Larix gmelinii* (Pinaceae) na

Sibéria Oriental. Journal of Forestry Research, 12: 388-392.

Li, Y.C., Roder, M.S, Fahima, T., Kirzhner, V.M., Beiles, A., Korol, A.B., Nevo, E., (2000): Seleção natural causando divergência de microssatélites no trigo selvagem emmer no microssítio de variável ecológica em Ammiad, Israel. Theoretical and Applied Genetics, 100: 985-999.

Miller, B., (2002): Investigating plant DNA, Student's Guide, centro de ciência vegetal SAPS, pp. 6.

Mitchell-Olds, T., Schmitt, J., (2006): Mecanismos genéticos e significado evolutivo da variação natural em Arabidopsis. Nature, 441: 947-952.

Nei, M., (1973): Análise da diversidade genética em populações subdivididas. Proceedings Academic National Science Philadelphia USA, 70: 3321-3323.

Nesbitt, K.A., Potts, B.M., Vaillancourt, R.E., West, A.K., Reid, J.B., (1995): Partição e distribuição da variação RAPD numa espécie de árvore florestal, *Eucalyptus globulus* (Myrtaceae). Hereditariedade, 74: 628-637.

Nevo, E., Noy-Meir, I., Beiles, A., (1991): Seleção natural de alozyme Transactions Royal polimorfismo. espacial e diferenciação em trigo emmer selvagem. Israel Journal of Botany, 40: 419-450.

Nevo, E., Baum, B., Beiles, A., Johnson, D.A., (1998): Ecological correlates of RAPD DNA diversity of wild barley, *Hordeum spontaneum,* in the Fertile Crescent. Genetic Resources and Crop Evolution, 45: 151-159.

Nianxi, Z., Yubao, G., Jinlong, W., Anzhi, R., Hua, X., (2006): Diversidade RAPD das populações de *Stipa grandis* e sua relação com alguns factores ecológicos. Ata Ecologia Sinica, 26: 1312-1319.

Nosrati, H., Hosseinpour- Feizi. M.A., Seyed-Tarrah, S., Razban-Haghighi, A., (2011): Um estudo da relação entre factores eco-geográficos e similaridade genética em diferentes populações de *Onobrychis viciifolia* usando RAPDs. Jornal Iraniano de Biologia Vegetal, 7: 85-96.

Nybom, H., Bartish, I.V., (2000): Effects of life history traits and sampling strategies on genetic diversity estimates obtained with RAPD markers in plants. Perspectives in Plant Ecology Evolution and Systematics, 3: 293-114.

Prentis, P.J., Wilson, J.R.U., Dormontt, E.E., Richardson, D.M., Lowe, A.J., (2008): Evolução adaptativa em espécies invasoras. Tendências em Ciências Vegetais, 13: 288-294.

Slomka, A., Sutkowska, A., Szczepaniak, M., Malec, P., Mitka, J., Kuta, E., (2011): Aumento da diversidade genética de *Viola* tricolorL. (Violaceae) em ambientes poluídos por metais. Chemosphere, 83: 435-442.

Turpeinen, T., Tenhola, T., Manninen, O., Nevo, E., Nissila, E., (2001): Diversidade de microssatélites associada a factores ecológicos em populações de *Hordeum spontaneum* em Israel. Molecular Ecology, 10: 1577-1582.

MIX
Papier aus verantwortungsvollen Quellen
Paper from responsible sources
FSC® C105338

FSC
www.fsc.org

Printed by Books on Demand GmbH, Norderstedt / Germany